本書特色和使用方法

場域主題

本書以家中四大場域——浴室、戶外、廚房、臥室，做為科學實驗的主題。

標語提醒

提醒你需要注意的事情和準備工作，打造兼顧安全的實驗環境。

名詞解釋

實驗中較難的專有名詞特別加粗字體，可以翻到第48頁查找解釋。

實驗引導

介紹這一頁要做的實驗，以及著手準備實驗需要的材料。

原理説明

講解實驗中的原理，進一步了解實驗背後的科學運作。

快問快答

透過問答腦力激盪，發現實驗與科學的連結。

實驗步驟

依照步驟引導，輕鬆完成每個實驗。

延伸學習

嘗試以其他媒介來做同一個實驗，觀察會不會有不同的現象或結果。

科學 技術 工程 數學
學齡前STEM入門書

孩子的第一堂 STEM實驗課 在家玩科學

文／蘇珊・馬蒂諾　圖／維姬・巴克　翻譯／周怡伶
審訂／李璿（臺北市立民權國小自然老師）

在浴室玩科學

科學家透過做實驗來了解生活周遭的神奇自然現象。接下來，你會學到浴室裡的科學。這些實驗並不需要任何特殊器材，你會用到的東西應該都是家裡已經有的，例如漱口杯、牙刷、沐浴乳等物品，不過，使用前要先問過大人喔！在做實驗之前，一定要讀完所有實驗步驟，確定你已經完全了解並準備好需要的東西。

???
快問快答
實驗中有一道問答題目，翻到第48頁可以找到解答。

🚫
注意安全
不要拿藥品或浴室裡的清潔劑來玩。

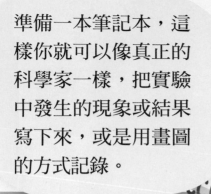

準備一本筆記本，這樣你就可以像真正的科學家一樣，把實驗中發生的現象或結果寫下來，或是用畫圖的方式記錄。

使用熱水時一定要小心，先放冷水再放熱水，確認熱水不會太燙。

名詞解釋

實驗中較難的**專有名詞**用粗體標示，可以翻到第48頁查找解釋喔！

浴室

起霧的鏡子

每次泡澡或淋浴時，可以做這個實驗，讓洗澡變得更有趣！

1.關上浴室的門。（別鎖住！）

2.放溫水到浴缸裡，或是打開蓮蓬頭。

3.觀察浴室的窗戶和鏡子，有什麼改變嗎？

水是**液體**，溫度會讓水產生變化，當水的溫度比室內的溫度還要高的時候，水就容易變成**氣體**，稱為**水蒸氣**。水蒸氣是看不見的，碰到涼涼的鏡子或窗戶時，會恢復成液體並結成水珠，鏡子看起來就會霧霧的，這個現象稱為**凝結**。

水龍頭要關緊，才不會浪費水！

試試看

對著涼涼的鏡子用力呵氣，觀察鏡子的變化。

??? 快問快答

水蒸氣是氣體還是液體？

5

泡泡世界

泡澡好舒服啊！但是你有沒有想過，這些圓滾滾的泡泡是怎麼產生的呢？這個實驗可以告訴你！

1.打開洗手檯的水龍頭，放入一半的水。

2.倒一點沐浴乳進去，用手攪拌。

3.將吸管插進水裡，開始吹氣！

???

快問快答

洗身體的是沐浴乳，那洗頭髮的是什麼？

吹氣到水裡，會產生許多泡泡。因為沐浴乳讓水變成有**彈性**可伸縮的泡泡膜，包覆你吹進去的空氣。如果只有水沒有沐浴乳，就無法包住空氣。

你知道嗎？

皮膚的細胞不斷的在更新！洗澡的時候，肥皂會把皮膚上的髒汙洗掉，也會洗掉一些老化的皮膚。你可能會發現，洗完手之後，指尖變得比較光滑呢！

上完廁所一定要用肥皂洗手，才能洗掉細菌和病毒。

浴室

漂浮的小船

為什麼船會浮在水面，不會沉下去呢？在這個實驗中，你先動手做出一艘小船，就可以發現原因了！首先，你需要準備兩團黏土。

1.把一團黏土捏成船的形狀。

2.打開洗手檯的水龍頭，放入一半的水。

3.把另一團黏土直接放進洗手檯。

4.現在，把你做的黏土船放進洗手檯。

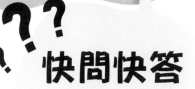

為什麼會這樣？進一步了解！

黏土船會**浮**在水的**表面**，是因為船身將水推開，船內的空間裝滿了空氣，就會比原來的水輕而浮起來；**固體**的黏土團內沒有空氣，黏土比原來空間的水重，所以才會沉到水裡。

快問快答

猜一猜，黃色小鴨會沉下去還是浮起來？

試試看

找出浴室裡其他東西，放到洗手檯裡，看它會浮起來或沉下去。你可以拿洗髮精的罐子、肥皂或牙刷來試一試。

拿出筆記本，畫圖或寫下哪些東西會沉下去、哪些東西會浮起來。

浴室

漱口杯魔術

這個遊戲可以玩給你的朋友或家人看，他們一定會覺得很神奇！先找一個透明的漱口杯，記得使用塑膠材質的杯子，才不會摔破喔！

2.找一張防水的墊板，蓋在漱口杯上。

1.漱口杯裡裝半杯水。

3.一手用力按住墊板，另一手握住漱口杯後，把杯子倒過來。

4.將按住墊板的手放開。

這個實驗要在洗手檯或浴缸上面做喔！

我們四周的空氣可以從上、從下、從旁邊推擠任何東西的這種力量，稱為**氣壓**。因為實驗中杯子外的空氣往上推擠墊板的力量，剛好可以抵抗杯子內的水和空氣往下推擠墊板的力量，所以水就不會流出來。

試試看

吹一個氣球並綁起來。用手壓一壓氣球，你會感覺到裡面的空氣往回推。

小知識

腳踏車輪子裡的空氣也會往外推擠，所以騎腳踏車時，輪子才能支撐你的重量。

浴室

11

牙刷幻術

你知道「光」會在我們的眼睛裡變魔術嗎？這個實驗會利用牙刷，讓你看到光的魔術喔！

1. 在透明的塑膠水杯裡裝半杯水。

2. 把牙刷放進水杯裡。

3. 從杯子的側面觀察牙刷的樣子。

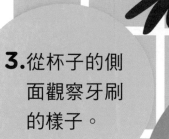

為什麼會這樣？進一步了解！

在水中的牙刷看起來好像被折斷了！那是因為光在水中移動的速度比在空氣中慢。光的速度改變時，它會改變移動方向，從不同角度進入你的眼睛，這種現象稱為**折射**。所以筆直的物品在水中看起來像是折斷了。

別忘了一天至少要刷兩次牙喔！

？？？ 快問快答

如果杯子裡沒有水，牙刷看起來還會像是折斷的樣子嗎？

試試看

下次去游泳時，站在池中往下看自己的腿。是不是看起來比較短、比較胖？這是因為折射的關係！

在戶外玩科學

在浴室做完實驗後，我們可以來到戶外。不管是在庭院或公園裡，都可以成為實驗的場地，發現科學的存在！這些實驗一樣不需要任何器材，你會用到的東西應該都是家裡已經有的，例如寶特瓶、水管、漏斗等物品，不過，使用前還是要先問過大人喔！在做實驗之前，一定要讀完所有實驗步驟，確定你已經準備好需要的東西。

注意安全

去庭院之前，要先問過大人。而且，不能自己一個人去公園喔！

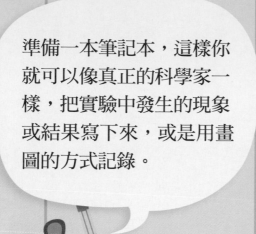

準備一本筆記本，這樣你就可以像真正的科學家一樣，把實驗中發生的現象或結果寫下來，或是用畫圖的方式記錄。

名詞解釋

實驗中較難的**專有名詞**用粗體標示，可以翻到第48頁查找解釋喔！

從外面回家之後要先洗手。

庭院或公園裡找到的任何植物或果實都不可以食用，因為可能含有毒性，會傷害身體。

？？？ 快問快答

實驗中有一道問答題目，翻到第48頁可以找到解答。

戶外

蚯蚓的家

你可以在剛翻鬆的泥土裡，或是石頭和木頭下面，找到幾隻蚯蚓。小心抓起蚯蚓，不要弄傷牠們。按照以下步驟做一個蚯蚓的家，放在陰涼的地方幾天，觀察牠們的行為。

1. 找一個保特瓶，請大人幫忙把瓶口剪大。

2. 放進一層一層的土壤和沙子，然後灑一些水。

3. 最上面鋪一層草和樹葉，然後輕輕的把蚯蚓放進去。

4. 瓶口封上一層黑紙，放在陰暗的地方。

戶外

16

為什麼會這樣？進一步了解！

蚯蚓會在土壤和沙子裡鑽出通道，這些通道會讓植物的根接觸到空氣和水分。蚯蚓還會吃進土壤、樹葉等，經過消化排出後，讓樹葉的營養充分混入土中，為植物製造**養分**，因此蚯蚓能讓植物長得更好。

🚫 **蟲蟲危機**

觀察幾天之後，就要把蚯蚓放回野外。

快問快答

哪種動物喜歡吃蚯蚓？

（提示：答案就在這頁的圖畫中）

蚯蚓會在土壤表面留下看起來一粒粒的東西，這是蚯蚓的大便。

你知道嗎？

世界上最長的蚯蚓生長在澳洲，牠們最長可達三公尺，大約是一層樓高！

昆蟲觀察

庭院或公園裡，可以找到哪些昆蟲呢？一起來找找看吧！溫暖的天氣最容易找到昆蟲，因為這時候牠們的活動力最強。到處翻找昆蟲時，你需要戴上手套保護手指。

1. 帶著筆記本、放大鏡、鉛筆，前往庭院或公園。

2. 選一個小地方，例如花圃或一小片草地。仔細看看泥土，翻開石頭或草叢。

3. 找到蟲子時，就把牠畫在筆記本上。數一數牠有幾隻腳、幾個翅膀，身體有哪些部分。牠會爬行還是會扭動呢？

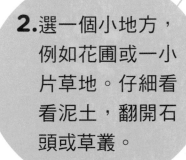

甲蟲

蝴蝶

快問快答

什麼動物有八隻腳、會吐絲結網？

蜈蚣

毛毛蟲

在地上爬行的蟲子，體內沒有脊椎骨，這類的動物有一個正式分類名稱——**無脊椎動物**。並不是所有無脊椎動物都是**昆蟲**。昆蟲有六隻腳，身體有三節，所以螞蟻是昆蟲，但是蚯蚓、蝸牛和蜘蛛都不是昆蟲。

蝸牛

蜘蛛

試試看

如果找到一隻蟲子，卻不知道牠的名字，可以問大人或是自己翻書尋找答案，書中一定有許多關於這些動物的知識。

蚯蚓

🚫 注意安全

在野外觀察昆蟲時，要有大人陪同（他們還可以幫你準備點心和飲料）。不要隨便碰這些蟲子，因為牠們可能會叮咬人，而且你也不想傷害到牠們。

螞蟻

蛞蝓

戶外

植物的構造

植物和大樹都需要水才能成長,那麼,你知道它們是從哪裡獲取水分嗎?答案就是,從根部吸收水分!這個實驗會讓你知道水分如何在植物和大樹裡流動。你會需要用到幾根芹菜和食用色素,而且使用紅色的色素效果最好。

1.滴幾滴食用色素到玻璃罐或透明塑膠杯裡。

2.放進幾支有葉子的芹菜。

3.接下來兩天,觀察芹菜的顏色有什麼變化。

你知道嗎？

像沙漠這種非常乾燥的地方，植物有著肥厚的莖，用來儲存水分。所以仙人掌才能夠在幾乎沒有雨水的地方存活。

不小心坐到仙人掌，好痛啊！

為什麼會這樣？進一步了解！

幾個小時之後，芹菜的葉子會出現一點點紅色。接下來兩天，葉子會越來越紅。水分會將養分帶到植物或大樹的各個部位。你可以從這個實驗中發現，水分會從根部往上輸送到葉子。

小知識

雨林中有些大樹會長到二十層樓高。想像一下，有多少水分在這些大樹裡流動！

戶外

雨水收集

我們可以自己做個簡單的雨水收集罐，測量有多少降雨量。先看看氣象預報，在會下雨的一週裡做這個實驗。你需要玻璃罐或透明塑膠杯，還要準備一個開口大小與容器底部大小一樣的漏斗和一支尺。可以用黏土固定漏斗，以免被風吹掉。

1. 放入漏斗，並把雨水收集罐放在戶外。

2. 每天都在固定時間觀察它，用尺測量罐子裡的水底到水面之間的雨水高度。

3. 每次測量後就把水倒掉，再放回同樣位置。

4. 把每次測量的數字，記錄在筆記本裡。

戶外

22

快問快答

有時候天上的雲會落下小冰塊，這種小冰塊叫什麼名字？

雨水收集罐裡的水可以用來澆花，不要浪費了！

你知道嗎？

天氣預報對有些人來說特別重要，例如農夫必須知道什麼時候會下雨，這樣種植的農作物才會長得好。

為什麼會這樣？進一步了解！

天上的雲其實是由許多小水滴組成的。小水滴變成大水滴，越來越大、越來越重，最後雲中的水滴太重就會落下，就是我們所稱的下雨。雨水落到地面，太陽照射使水的溫度升高，把雨水變成**水蒸氣**。水蒸氣上升到空中，又變成許多小水滴，慢慢集合成雲，然後又會下雨了！

戶外

彩虹魔法

你知道我們眼睛所看到的「光」，是由不同顏色混合而成嗎？這個實驗會用到水管讓這些顏色顯現出來喔！使用庭院裡的水管之前，要先問過大人。如果家裡沒有水管，也可以向朋友借。

1. 選一個好天氣去庭院。

2. 在水管上裝噴頭，背向陽光。

3. 朝向光線比較暗的圍籬或牆面，打開水源。

4. 陽光照到水後，觀察噴出來的水中，可以看到哪些顏色呢？

戶外

24

你知道嗎？

出太陽的同時也下雨的話，就有機會看到彩虹。彩虹的顏色一定都是按照這個順序：紅、橙、黃、綠、藍、靛、紫。

不要噴到我！我不喜歡身上溼溼的！

快問快答

彩虹有幾種顏色？

為什麼會這樣？進一步了解！

「光」看起來是白的，但其實它是由很多顏色組成。陽光照進水管噴出來的水滴之後，這些水滴會把光線分開成許多顏色，就是我們看到的彩虹。如果你能把這些顏色再混合起來，就又會變回白光。

戶外

夜晚的天空

做了這個實驗之後,你也可以成為小小天文學家,天文學家就是研究星星的科學家喔!在沒有雲的晚上到戶外,抬頭看看天空。可以試著遠離街道和房屋的燈光,在空曠的地方,就能看得更清楚。如果要外出的話,一定要找大人陪你一起去。

1. 帶筆記本、鉛筆和手電筒,進入庭院或公園。

2. 找個地方坐下來,抬頭觀看天空。

3. 寫下你看到了什麼,如果你看到幾顆星星組合成某種形狀,把它們畫下來。

戶外

26

北斗七星

南十字星

你知道嗎？

排列成某種形狀的星星稱為**星座**，**天文學家**會為這些星座取名字。如果你住在北半球，可能會看到北斗七星。在南半球，可以看到南十字星。

不要把飛機誤認成星星了！飛機上有紅光和綠光，和星星的光不一樣！

快問快答

？？？

有一個力量使月亮繞著地球轉，這種力量叫做什麼？

（提示：我們也是因為這種力量而離不開地球）

為什麼會這樣？進一步了解！

星星非常巨大且溫度很高，只是距離我們太遙遠，所以只能看到小小的星點。而月亮不會自己發光，它的光是反射太陽光而來的，因為距離我們較近，所以才容易被看見。月亮以橢圓形的**軌道**，大約每28天繞行地球一圈，月亮繞著地球轉的時候，它反射太陽光的那一面會漸漸不同。

戶外

地球的力量

你有沒有想過，在戶外時，為什麼我們不會浮在空中呢？這個實驗會帶你探索一種讓我們不會離開地球表面的神奇力量。

1.到庭院或公園裡。

2.找幾個朋友和一個大人陪你們一起去。

3.請朋友往上跳，盡可能跳到最高。

4.也可以請大人跳！

戶外

28

當你用力往上跳，身體所有肌肉就會用力把你撐起來。這時也有一種看不見的力量把你往下拉，這個力量稱為**重力**。肌肉越是用力，你就能跳得越高，不過，最後還是會回到地球表面！

你知道嗎？

為了進入太空中，火箭必須有非常強大的引擎，速度比子彈快好幾十倍，才能抵抗地球的重力！在太空中，脫離了地球的重力範圍，太空人的飲食必須使用一種特殊包裝，食物或飲料才不會漂走。

小知識

東西會往下掉就是因為重力。

戶外

29

在廚房玩科學

廚房裡也可以做實驗，發現科學！廚房裡應該已經有你需要用到的實驗器具和材料，例如小蘇打粉、洗碗精、紙巾等物品，不過，使用前還是要先問過大人喔！在做實驗之前，一定要讀完所有實驗步驟，確定你已經準備好需要的東西。

注意安全

找一個大人陪著你做實驗，尤其是要加熱或切東西時。

準備一本筆記本，這樣你就可以像真正的科學家一樣，把實驗中發生的現象或結果寫下來，或是用畫圖的方式記錄。

名詞解釋

實驗中較難的**專有名詞**用粗體標示，可以翻到第48頁查找解釋喔！

不可以玩火或清潔劑。使用完任何物品要收拾乾淨！

快問快答

實驗中有一道問答題目，翻到第48頁可以找到解答。

廚房

起泡的小蘇打粉

這個實驗會有很多好玩的氣泡冒出來，你要把玻璃杯放在淺盤子或水槽裡，才能接住流出來的泡沫。注意，臉不要太靠近玻璃杯，因為氣泡會刺刺的！

1. 將一大匙烘培用的小蘇打粉放進一個大玻璃杯。

2. 把玻璃杯放在淺盤中。

3. 在一個小量杯中，倒進兩匙白醋。

4. 把白醋倒進小蘇打粉中。

小蘇打粉和白醋屬於不同種類的化學物質，混合在一起時，就會產生**化學反應**。這種反應會產生一種氣體稱為**二氧化碳**，造成冒泡泡的現象。

做完實驗後，所有東西要在水槽沖洗乾淨。

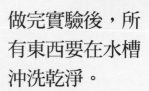

試試看

把漏斗套在氣球上，倒進一些小蘇打粉。再找一個小瓶子，倒進一些白醋，然後把裝了小蘇打粉的氣球套在小瓶子的瓶口。觀察氣球，當小蘇打粉和白醋產生反應時，氣球會漸漸膨脹起來喔！

注意安全 🚫

眼睛不要太靠近白醋，因為它會刺激眼睛。

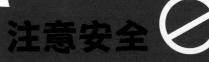

廚房

油膩膩的水

油和水不管怎麼攪拌，都不會溶在一起！如果將油和水混合，只要停止攪拌，油就會浮在水的表面。但是，在水裡加進一些洗碗精，有趣的事就發生了！

2. 加入一點點煮菜用的油。

1. 在大碗裡倒進一些水。

3. 加入幾滴洗碗精，攪拌一下。

你最近一次洗碗是什麼時候呢？

你知道嗎？

鳥的羽毛上有一層油脂可以防水，羽毛就不會在下大雨時被淋溼。

小知識

海上的油輪有時候會漏油，這些油浮在海水上，對海洋生態造成極大傷害，會讓鳥類和其他海洋生物死亡。

為什麼會這樣？進一步了解！

油會漂浮在水面上是因為油比水輕，加上水之間聚在一起的力量比油和水之間的力量大，所以遇到油時，水會緊密的聚在一起。洗碗精的成分可以一邊牽著油、一邊牽著水，油和水就容易聚在一起，因此洗碗精可以幫忙混合油和水。

幫忙做家事，用洗碗精把碗盤洗乾淨吧！

廚房

不會溼的紙巾

這個實驗可以騙到你的朋友，大家一定不敢相信！你需要的是流理臺的水槽、塑膠杯、廚房紙巾，還有空氣！

1. 廚房紙巾摺好後，緊緊塞進塑膠杯底部。

2. 將水槽放滿水。

3. 把水杯倒過來，直直往下放進水中。

4. 數到十，直直拿起水杯，不能傾斜。

???

快問快答

我們必須吸進身體裡
的氣體是什麼？

（提示：你會在這一頁找
到答案）

你知道嗎？

我們四周的空氣中充滿許多種
氣體，其中最主要是**氮氣**和**氧
氣**。大部分的氣體無法用眼睛
看到，但是它們會占據空間，
就像塑膠杯裡的空氣一樣。

為什麼會這樣？進一步了解！

你會很驚訝，塑膠杯裡的紙巾完
全不會弄溼！杯子沒有進水，是
因為裡面已經充滿空氣。你看不
到空氣，但是其實它存在於杯子
裡，所以水才沒有流進去。

小知識

有些氣體很臭，其中一
種叫做二氧化硫，它聞
起來就像壞掉的雞蛋！

廚房

37

發霉的麵包

你需要兩片麵包和兩片起司來做這個實驗，不過不是用來做三明治喔！我們是要找出為什麼有些食物必須放在陰涼處的原因。

1. 找四個透明塑膠袋，將兩片麵包和兩片起司分別放進袋子中。

2. 把一袋麵包和一袋起司放在冰箱裡，另外兩袋放在窗戶旁邊。

3. 每天檢查，麵包和起司會有什麼變化？你可以畫下來或寫下來。

你知道嗎？

放在冷凍庫裡的食物，可以保存好幾個月。如果把麵包和起司放在冷凍庫，幾個月以後，肚子餓時，你還是可以用它們來做三明治！

讓食物保持新鮮，才不會浪費食物。

為什麼會這樣？進一步了解！

放在窗邊的麵包和起司，幾天之後會開始長出毛絨絨的**黴菌**。當食物的表面出現黴菌時，就表示已經不新鮮了。如果存放在非常冷的地方，例如冰箱，食物就不會那麼快壞掉，因為黴菌不喜歡冷冷的地方。

快問快答

在炎熱的天氣，麵包和起司的發霉速度會比較快還是比較慢呢？

???

廚房

在臥室玩科學

在你的房間裡做實驗，一樣不需要任何特殊器材，你應該可以在家裡找到需要的東西，例如手電筒、梳子、鏡子等物品，不過，使用前也還是要先問過大人喔！在做實驗之前，一定要讀完所有實驗步驟，確定你已經了解並準備好需要的東西。

🚫 注意安全

不要玩臥室裡的插座和插頭。

做完實驗要收拾房間喔！

臥室

名詞解釋

實驗中較難的**專有名詞**用粗體標示，可以翻到第48頁查找解釋喔！

準備一本筆記本，這樣你就可以像真正的科學家一樣，把實驗中發生的現象或結果寫下來，或是用畫圖的方式記錄。

影子遊戲

這個實驗最好是在晚上做,房間裡才夠暗。
拉上窗簾,準備做出特別的影子形狀!你也
可以自創各種可怕或有趣的形狀。

1.將紙卡剪
成怪獸的
形狀。

2.選一個白色牆
面當背景。

3.開手電筒或
檯燈,照在
紙卡上。

臥室

42

小知識

印尼人利用戲偶的影子，演出非常精采且聞名世界的皮影戲。

紙卡上的孔洞能讓手電筒或檯燈的光線穿透過去，而紙卡本身擋住了光線，所以你會看到牆上有紙卡造成的**影子**。形成影子是因為光線無法穿透紙卡。

試試看

在燈光和牆壁之間，試著像這樣雙手合十，再讓大拇指交叉，你在牆上看到陰影，就像一隻馬的頭！

在燈光前面遠近移動紙卡，看看會變成怎樣？

臥室

43

有電的梳子

家裡的許多東西都會用到電，例如電燈和電腦，這種電是透過家中的電線來傳送的。但是，還有另外一種電，我們自己就可以製造喔！

1.把衛生紙撕成碎片。

2.找一把塑膠平梳。

3.用梳子梳自己的頭髮，大約梳二十次。

4.拿梳子靠近衛生紙碎片。

44

為什麼會這樣？進一步了解！

一次又一次的梳頭髮，梳子和頭髮一直互相摩擦，會在梳子上產生**靜電**，吸引衛生紙碎片，使其跳動，就像變魔術一樣！

離開房間時要隨手關燈。

不要浪費電！

🚫 注意安全

絕對不要玩家裡的插座或電線。

你知道嗎？

雲層中有很多水滴和冰晶流動時會互相碰撞、摩擦，靜電便漸漸累積在雲層中，當威力越來越大時，就會傳到附近的其他雲層或地面上，形成閃電。

臥室

神奇的鏡子

照鏡子時，有時候會發生令人驚奇的事！我們可以利用這個特點來玩遊戲，你可能會需要用黏土來固定鏡子。

1. 把小鏡子立起來固定。

2. 在紙上寫下自己的名字。

3. 把紙放在鏡子前面。

小知識

鏡子很容易打破，因為大部分鏡子是玻璃做成的。

在鏡子中，你的名字看起來是上下顛倒的，這是因為鏡子的**反射**。反射的影像一定是顛倒的。你可以對著鏡子揮一揮右手，鏡子中的你看起來像在揮動左手，這就是**鏡像**。

試試看

在衣櫥或牆壁找一面長長的穿衣鏡，然後站得非常靠近鏡子邊緣，抬起一隻手和一隻腳。

如果家裡沒有長長的穿衣鏡，可以去服飾店試試看！

臥室

47

名詞解釋

液體 (P.5)
水就是一種液體。液體可以倒來倒去，它沒有固定形狀。

氣體 (P.5)
我們四周的空氣中混合了不同的氣體，例如氧氣和氮氣，氣體是無形且看不見的。

水蒸氣 (P.5、23)
氣態的水，看不見也摸不著，容易從熱水或溫水散發出來。

凝結 (P.5)
發生在氣體轉變成液體時，水蒸氣碰到冷冷的東西，變成水滴的現象。

彈性 (P.7)
某個東西被拉扯之後還可以恢復成原本的形狀。

浮 (P.9)
漂在液體的上層。

表面 (P.9)
某個物體的最外層。水的表面就是水和空氣接觸的地方。

固體 (P.9)
有固定形狀的物體，例如肥皂或牙刷。

氣壓 (P.11)
空氣加在任何物體上的力量。

折射 (P.13)
光線在不同物質中，移動速度不同，會改變移動方向，所以從空氣往水中看，物體會看起來不一樣。

養分 (P.17)
植物或動物要長得強壯所需要的食物。植物從土壤中得到養分。

無脊椎動物 (P.19)
沒有脊椎骨的生物。

昆蟲 (P.19)
六隻腳、身體分成三節的無脊椎動物。

星座 (P.27)
天空中的星星排列成某種圖形，天文學家為這些圖形所取的名字。

天文學家 (P.27)
研究星星和太空中所有事物的科學家。

軌道 (P.27)
某個物體繞行在恆星或行星四周的路徑。地球繞著太陽轉，月亮繞著地球轉，繞行時都有一個軌道。

重力 (P.29)
把物體拉向地球的力量。人不會飄起來就是因為重力。

化學反應 (P.33)
兩種或兩種以上的化學物混合，產生改變，並且製造出新的物質。

二氧化碳 (P.33)
在汽水裡放進這種氣體，才會有泡泡。我們呼吸也會呼出二氧化碳。

氮氣 (P.37)
我們四周的空氣中有很大一部分是氮氣。

氧氣 (P.37)
存在我們四周的空氣中，我們的身體呼吸時要吸進氧氣。

黴菌 (P.39)
是一種非常微小的絲狀真菌，長在食物上會使其腐壞。

影子 (P.43)
光線無法穿透某個東西到另一面時，光線被擋住就會產生影子。

靜電 (P.45)
兩種不同材質摩擦時產生的電。與電燈或其他裝置所使用的電，產生的原理不一樣。

反射 (P.47)
照鏡子時，光線打在你身上然後反照在鏡子上，從鏡子再投射到你的眼睛，你看到的就是反射。

鏡像 (P.47)
就是你在鏡子中看到的反射，它與真實的你是左右相反的！

快問快答解答

解答

48

文｜**蘇珊‧馬蒂諾**（Susan Martineau）

　　著名兒童圖書作家，曾於英國傳播公司（BBC）任職圖書編輯。擁有無限的靈感與創意，擅長教育活動書籍，其作品以知識類圖書為主，包括語言學習、科學百科等，題材貼近兒童生活，加上淺顯易懂且生動的文字，廣受小讀者歡迎。

圖｜**維姬‧巴克**（Vicky Barker）

　　現為全職自由插畫家、設計師和藝術總監，畢業於英國利物浦約翰摩爾斯大學美術系。擅長幼兒圖書插畫，題材包含貼紙書、遊戲書和著色書，風格童趣簡潔，色彩鮮豔。

翻譯｜**周怡伶**

　　臺灣輔仁大學新聞傳播系、英國約克大學社會學研究碩士班畢業。曾任出版社編輯，現職書籍翻譯，熱愛知識也喜歡做菜和探索新地方，目前和先生與兩個男孩住在英國。在小熊出版的譯作有《發明之書：科技改變世界的故事》、《一隻貓咪上太空，在哪裡？從遊戲中訓練孩子數數、識物、辨色、專注等視知覺超能力》、《當動物踏上遷徙的旅程》、《為什麼要上學？學校是誰發明的？》、《我從哪裡來？從人猿到人類的演化和冒險》、《我是小小程式設計師：自學Coding一玩就上手》等。

審訂｜**李璿**

　　國立臺北教育大學自然科學教育學系碩士，現任臺北市立民權國小自然老師，致力於指導學生參與科學競賽，認為貼近生活的科學才是最能讓孩子體驗的科學。

國家圖書館出版品預行編目（CIP）資料

孩子的第一堂STEM實驗課：在家玩科學／蘇珊‧馬蒂諾(Susan Marineau) 文；維姬‧巴克 (Vicky Barker) 圖；周怡伶翻譯. -- 初版. -- 新北市：小熊出版：遠足文化事業股份有限公司發行，2022.09；48 面；21x27.5 公分. -- （閱讀與探索）

譯自：Science experiments at home : discover the science in everyday life

ISBN 978-626-7140-77-2（精裝）

1.CST: 科學實驗 2.CST: 通俗作品
3.SHTB: 認知發展 --3-6 歲幼兒讀物

303.4　　　　　　　　　　　　　111013541

閱讀與探索

孩子的第一堂STEM實驗課：在家玩科學

文／蘇珊‧馬蒂諾　圖／維姬‧巴克　翻譯／周怡伶　審訂／李璿

總編輯：鄭如瑤｜主編：陳玉娥｜責任編輯：韓良慧
美術編輯：黃淑雅｜行銷副理：塗幸儀｜行銷助理：龔乙桐
出版與發行：小熊出版‧遠足文化事業股份有限公司
地址：231新北市新店區民權路108-3號6樓
電話：02-22181417｜傳真：02-86672166
劃撥帳號：19504465｜戶名：遠足文化事業股份有限公司
Facebook：小熊出版｜E-mail：littlebear@bookrep.com.tw

Published by b small publishing ltd.
www.bsmall.co.uk © b small publishing ltd. 2018 1 2 3 4 5 ISBN 978-1-911509-19-6
Production. Madeleine Ehm. Science Advisor: Kathryn Higgins
Publisher: Sam Hutchinson Editorial: Eryl Nash Printed in China by WKT Co. Ltd.

讀書共和國出版集團
社長：郭重興｜發行人兼出版總監：曾大福
業務平臺總經理：李雪麗｜業務平臺副總經理：李復民
實體通路暨直營網路書店組：林詩富、陳志峰、郭文弘、賴佩瑜、王文賓
海外暨博客來組：張鑫峰、林裴瑤、范光杰｜特販組：陳綺瑩、郭文龍
印務部：江域平、黃禮賢、李孟儒
讀書共和國出版集團網路書店：http://www.bookrep.com.tw
客服專線：0800-221029｜客服信箱：service@bookrep.com.tw
團體訂購請洽業務部：02-22181417 分機1124
法律顧問：華洋法律事務所／蘇文生律師｜印製：凱林彩印股份有限公司
初版一刷：2022年9月｜定價：360元
ISBN：978-626-7140-77-2
　　　　9786267140796（EPUB）
　　　　9786267140802（PDF）
書號：0BNP1048

小熊出版官方網頁　小熊出版讀者回函